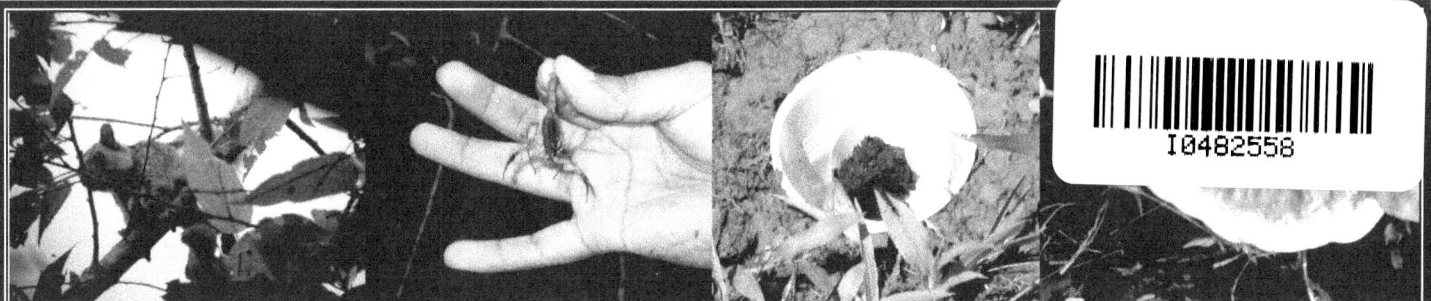

MISCELÁNEA

ECOLÓGICA

Antonio Mijail Pérez, PhD

Consultor Ambiental Senior
Biodiversidad, Medio Ambiente y Sociedad
Skype: antonio.mijail.perez
Email: mijail64@gmail.com

Miami, 2016

PREFACIO

Los artículos que se presentan en el presente folleto constituyen trabajos realizados por el autor durante el curso **Ecología de Poblaciones 93-2** auspiciado por la OET (Organización para Estudios Tropicales) y la UCR (Universidad de Costa Rica) que se llevó a cabo en Costa Rica, entre los meses de enero y febrero de 1993.

El objetivo de presentarlos como un todo obedece al interés de suministrar a otros colegas ecólogos y estudiantes algunos trabajos de metodología más o menos sencilla y análisis estadísticos no complejos y detallados, que podrían repetirse en otros grupos de animales o plantas sin requerimiento de una logística difícil de adquirir. Este tipo de trabajos también podría aportar material para la preparación de artículos científicos o tesis de grado cuando se dispone de algún conocimiento general del grupo de estudio.

Dado que una parte importante del trabajo de investigación que he realizado está dirigido hacia el estudio de moluscos gasterópodos (caracoles) terrestres y fluviátiles, varios de los trabajos tratan sobre este tema. También se toca en dos trabajos la interacción de estos animales con otros grupos de animales; en uno de ellos la relación depredador-presa y en otro el uso de conchas de gasterópodos por parte de crustáceos decápodos que son conocidos como **cangrejos ermitaños**.

Otro de los trabajos se refiere al estudio de algunos aspectos del cortejo, cópula y conducta de defensa en la araña *Argiope trasfaciata*. Este trabajo fue realizado por un grupo de compañeros que listan posteriormente coordinados por mí, según una idea del Dr. William Eberhard, profesor de Biología Evolucionaria de la UCR. Se incluyó también un trabajo realizado en una especie vegetal (*Wigandia urens*) motivado por el interés de probar un método de trabajo que es muy apropiado con la biología de esta especie pionera.

Asimismo, he incluido un trabajo en el que se estudiaron los patrones espaciales en una población del gasterópodo litoral *Olivella semistriata* Gray (Olividae) en una playa de Nicaragua, debido a que, en primer lugar, este trabajo sigue la misma dinámica de los anteriores, y, por otra parte, ha sido publicado en una revista especializada fuera del país y por tanto es de difícil acceso para un público más general.

AGRADECIMIENTOS

Quiero agradecer a la Comisión Organizadora del curso de Ecología de Poblaciones 93-2 y en particular a la Dra. Bárbara E. Lewis, coordinadora académica por haberme otorgado la beca completa para la participación en este valioso curso intensivo de campo, así como por su gran gentileza y apoyo. También a los coordinadores del curso, Drs. José Manuel Mora y Gilbert Barrantes, de la Universidad de Costa Rica, por su revisión crítica y las valiosas sugerencias hechas a los manuscritos.

También quiero agradecer la colaboración y la camaradería del Dr. Manuel Nogales (Universidad de La Laguna, Islas Canarias) y los Lic. María Albertina Oliveira (Universidad Simón Bolívar, Venezuela), José Tello (Asociación de Ecología y Conservación, Perú), Luis Paz Soldán (APECO, Perú) y Johnny Rodríguez (Universidad Nacional, Costa Rica), colegas y amigos quienes estuvieron muy cerca durante esta extraordinaria experiencia.

Quiero expresar mi agradecimiento al Dr. David Clark (Codirector, Estación Biológica La Selva), por su apoyo el estudio de las comunidades de gasterópodos de la Estación Biológica de La Selva.

Estoy muy agradecido a mi esposa, la Dra. Isabel Siria Castillo, así como a la C. Dr. Lorena Campo, por la confección de todas las ilustraciones presentadas en este trabajo.

INDICE TEMATICO

Determinación de los patrones espaciales de dispersión en *Wigandia urens* (Hidrophylaceae) en una formación vegetal secundaria degradada.

Abstract: Spatial patterns of dispersion were determined for the pioneer plant species *Wigandia urens*, in a disturbed ecosystem from the central part of the Costa Rican mountain region. The indexes calculated, C= 0.59 and I= 2.62, show a clumped pattern present with an strong trend toward a random dispersion pattern. Density value, considering the same data set taken is about 0.015 individuals / m^2.

Keywords: *Wigandia urens*, spatial patterns of distribution, pioneer species.

INTRODUCCION

Los patrones espaciales de dispersión, constituyen una importante propiedad de las poblaciones biológicas, la cual ha sido estudiada por numerosos investigadores en diferentes grupos taxonómicos. Según Connell (1963) ésta es usualmente una de las primeras observaciones que hacemos al estudiar cualquier población biológica.

En general se distinguen tres tipos básicos de patrones: al azar, agrupado y uniforme, los cuales pueden presentar diferentes gradaciones de variación interna. Estos patrones se originan como respuesta a factores causales de diferente origen.

Otra propiedad de gran importancia en la ecología de las poblaciones es la densidad, la cual está influenciada por la natalidad, mortalidad y migraciones. No obstante, mediante su cálculo es posible tener una idea aproximada de la cantidad de individuos que existen en el área de estudio.

En el presente trabajo se determinaron los patrones espaciales de dispersión y la densidad de *Wigandia urens* (Hidrophylaceae), una especie pionera, en una formación vegetal secundaria degradada o charral en Cuericí, Cerro de la Muerte.

MATERIAL Y METODOS

Localidad de estudio: El presente trabajo se realizó en la localidad de Cuericí, en la zona conocida como el Cerro de la Muerte, Cordillera de Tilarán, Costa Rica (coordenadas); entre los días 17 y 18 del mes de enero de 1993. Esta zona se encuentra a 2,600 msnm y presenta una temperatura media anual de 12° C.

Dentro de esta localidad, el área elegida para el estudio fue un charral o formación vegetal secundaria muy antropizada, con abundante presencia de especies vegetales ruderales. En la periferia de esta área se distribuyen abundantes parches de bosques de *Quercus* spp.

Fig. 1.- Formación vegetal secundaria.

Metodología: Para estudiar los patrones espaciales de dispersión se aplicó el método de la T cuadrada (Fig. 2) (Ludwig y Reynolds, 1988).

Este es un método de distancia que implica la medición de pares de distancias punto-individuo más cercano (X_i) e individuo-vecino más próximo (Y_i). Se muestrearon un total de 18 seleccionados sistemáticamente cada 10 m en dos transectos de 130 m cada uno practicados dentro del área de estudio (Fig. 3). En el primer transecto se muestrearon 13 puntos y en el segundo 5 puntos.

Para la aplicación de este método es necesario observar la condición de que el ángulo OPQ descrito por las distancias entre los subpuntos medidos en cada punto debe ser mayor que 90°.

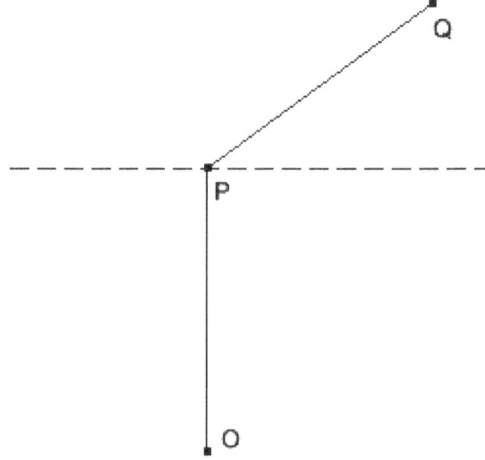

Fig. 2.- Representación esquemática de los puntos y distancias medidos mediante el método de la T cuadrada.

10

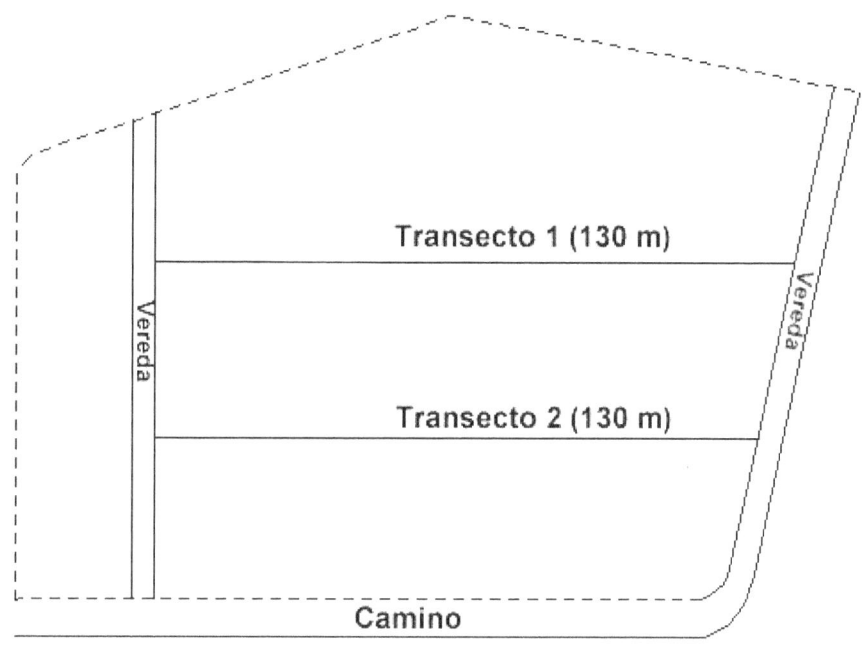

Fig. 3.- Croquis del área estudiada y la disposición de los transectos en los que se ubicaron los puntos de muestreo.

Análisis estadístico: Los patrones espaciales se estimaron mediante la aplicación del índice C (Ludwig & Reynolds, 1988) según la expresión:

$$C = \frac{\sum_{i=1}^{n} [X_i^2 / (X_i^2 + 1/2Y_i^2)]}{N} \quad donde:$$

X_i: distancias punto-individuo
Y_i: distancias individuo-vecino más cercano
N: número total de puntos muestreados

También se calculó el índice I de Johnson y Zimmer (1985) que considera solo las distancias punto-individuo, cuya expresión es:

$$I = (N+1) \frac{\sum_{i=1}^{n} (X_i^2)^2}{\sum_{i=1}^{n} (X_i^2)^2}$$

La significación del índice C se obtuvo mediante el estadístico z para α= 0.05 comparándolo contra z= 1.96, según la expresión:

$$z = \frac{C - 0.5}{\sqrt{(1/12N)}}$$

Para el índice I la expresión de z para el mismo nivel de significación es:

$$z = \frac{I - 2}{\sqrt{[4(N-1)/(N+2)(N+3)]}}$$

el cual se compara contra los valores tabulares de z para la distribución normal estándar (α = 0.05).

La hipótesis nula inicial en trabajos de este tipo, es que los individuos de la población estudiada se disponen al azar en el espacio que ocupan. La hipótesis alternativa es lo contrario y puede estar dirigida en dos sentidos: existencia de un patrón uniforme o agrupado en los individuos de la población.

Para averiguar esto existen un grupo de índices que se comparan contra determinados valores teóricos de referencia.

Para el índice C (Ludwig & Reynolds, 1988) los valores teóricos propuestos son:

 0.5 patrón al azar
> 0.5 patrón agrupado
< 0.5 patrón uniforme.

Para el índice I de Johnson y Zimmer (1985) los valores de referencia son:

 2 patrón al azar
> 2 patrón agrupado
< 2 patrón uniforme.

Para la determinación de la densidad en la especie estudiada se emplearon los índices de Cottam y Curtis (1956) y Diggle (1983) que se basan en métodos de muestreo de distancia como el detallado anteriormente.

El índice de Cottam y Curtis (1956) se calcula mediante la expresión:

$$D = \frac{10\ 000}{2\ [X_i\ (m)]^2} \quad \text{y se expresa en Ha (hectáreas)}$$

El índice de densidad de Diggle (1983) se aplica cuando la población estudiada presenta un patrón de dispersión agrupado, y calcula mediante la expresión:

$$D_3 = \sqrt{N_1 \times N_2}$$

La expresión anterior a su vez, requiere el cálculo previo de los índices N_1 y N_2 de Byth y Ripley (1980):

$$N_1 = \frac{N}{\pi \sum X_i^2} \qquad N_2 = \frac{N}{\pi \sum Y_i^2}$$

RESULTADOS Y DISCUSION

Patrones espaciales de dispersión:

Los datos tomados para cada punto muestreado de las distancias punto-individuo (X_i) e individuo-vecino más próximo (Y_i) aparecen en el Cuadro 1.

Cuadro 1.- Valores de las distancias punto-individuo e individuo- vecino más próximo.

	Transecto 1			Transecto 2	
Punto	Distancia (X_i)	Distancia (Y_i)	Punto	Distancia (X_i)	Distancia (Y_i)
1	3.20	6.60	1	5.40	6.35
2	4.20	5.90	2	10.8	7.90
3	3.15	3.90	3	1.30	7.90
4	10.0	4.00	4	4.10	6.15
5	0.00	0.00	5	10.6	4.45
6	6.10	5.30			
7	7.20	0.00			
8	15.1	4.90			
9	1.22	7.10			
10	0.95	1.85			
11	6.97	4.80			
12	6.80	0.85			
13	4.15	5.30			

Se debe destacar que solo se consideraron las distancias hasta los árboles visibles, de modo que aquellos cuyo conteo fuera impedido por la interferencia de la vegetación circundante no fueron registrados. Un ejemplo de esto es el punto 3 del transecto número 1.

El cálculo del índice C arrojó un valor de 0.59, lo que apunta hacia la existencia de patrones agrupados entre los individuos de la población estudiada ($z = 1.43$, $p < 0.05$). Según Pemberton y Frey (1984) los patrones de dispersión no al azar sugieren que existen interacciones de diferente tipo en las poblaciones. En particular los patrones agrupados apuntan en el sentido de que los individuos se reúnen en zonas más favorables de hábitat, lo cual parece ser el caso de *Wigandia urens*.

Barbour *et al.* (1987) plantearon que los primeros estadios de la sucesión vegetal están caracterizados por especies de crecimiento rápido, reproducción temprana, alta dependencia de la luz en toda su vida y alta tasa de fotosíntesis.

Clark (Com. Per.) enfatiza la importancia de la disponibilidad de luz en la dinámica de las especies pioneras, que es caso de la especie en estudio, por lo que aparentemente estas se encuentran agrupadas en los parches donde hubo condiciones favorables de luz en el momento de la dispersión de las semillas.

Las presentes observaciones de campo apuntan en este mismo sentido, ya que en áreas con alta cobertura de vegetación, es rara la presencia de plántulas pequeñas.

El índice I de Johnson y Zimmer (1985) confirmó lo hallado mediante el cálculo de C, con un valor $I = 2.62$ ($z = 3.1$, $p < 0.05$), lo cual asegura la existencia de un patrón espacial agrupado entre los individuos de la población de la especie estudiada en esta formación secundaria.

Aunque se ha demostrado que los índices de dispersión que implican la medición de distancias punto-individuo solamente, muestran varias limitaciones (Godall & West, 1979) se calculó el índice de Johnson y Zimmer (op. cit.) que según Ludwig y Reynolds (1988) es un poderoso indicador de patrones de dispersión.

Densidad poblacional:

Para la estimación de densidad en poblaciones biológicas, usualmente se emplean unidades de muestreo naturales (p. ej. árboles, troncos podridos, hojas, rocas en los ejemplares petrícolas, etc.) o unidades arbitrarias convencionales (p. ej. parcelas, cuadrantes, transectos, etc.), no obstante, los métodos de distancia proporcionan vías no muy complicadas para la estimación de esta propiedad, empleando unidades de muestreo arbitrarias no convencionales, en este caso puntos.

En el presente caso la densidad calculada según la expresión de Cottam y Curtis (1956) significa que existen un total de 158 individuos/ha, lo que expresado en m^2 arroja un total de 0.015 individuos; la obtenida mediante la expresión de Diggle (1983) brinda un valor de 0.08 ind/m^2, con límites de confianza entre 0 y 0.40. Este valor es aparentemente, muy cercano al anterior, por lo que es posible asegurar que la cantidad de individuos estimados de la especie en el área, constituyen un dato confiable y muy cercano a la realidad.

Marco teórico general:

Numerosos autores abordan el estudio de los patrones espaciales sin deslindar claramente si estos se refieren a comunidades o poblaciones, no obstante, si partimos de lo planteado por Odum (1986) quien enumera ésta entre las propiedades de las poblaciones biológicas es posible lograr en mi opinión un acercamiento más claro al problema tanto desde el punto de vista teórico como práctico.

Todo lo anterior, debe ser analizado también desde la perspectiva de que las poblaciones en la naturaleza desarrollan dos tipos generales de interacciones, de tipo intraespecífico en primer lugar, y en segundo lugar, como parte de comunidades y a su vez de ecosistemas. Este segundo tipo de interacciones organismo-ambiente, o de nicho ecologico (Hutchinson 1953, Silva & Berovides 1982) presentan otras características y otro nivel de complejidad que las relaciones intraespecíficas independientemente.

REFERENCIAS

Barbour, M.G., J.H. Burk & W.D.Pitts. 1987. *Terrestrial plant ecology*. The Benjamin/ Cummings Publishing Company, Inc. Menlo Park, California. 634 p.

Connell, J.H. 1963. Territorial behaviour and dispersion in some marine invertebrates. *Research in population ecology*, 5:87-101.

Cottam, G. & J.T. Curtis. 1956. The use of distance methods in phytosociological sampling. *Ecology*, 37:351-360.

Diggle, P.J. 1983. *Statistical Analysis of Spatial Point Patterns*. Academic Press, London.

Godall, D.W. & N.E. West. 1979. A comparison of techniques for assesing dispersion patterns. *Vegetatio*, 40:133-142.

Hutchinson, G.E. 1953. The concept of pattern in ecology. *Proceedings Academy of Natural Sciences*, Philadelphia, PA.

Johnson, R.W. & W.J. Zimmer. 1985. A more powerful test for dispersion using distance measurements. *Ecology*, 66:1084-1085.

Krebs, C.J. 1989. *Ecological Methodology*. Harper y Row, Publishers. New York. 654 p.

Ludwig, J.A. & J.F. Reynolds. 1988. *Statistical Ecology: A primer on methods and computing*. John Wiley & Sons, Inc. 337 p.

Odum, E.P. 1986. *Fundamentos de Ecología*. Nueva Editorial Interamericana. México, D.F. México. 422 p.

Pemberton, S.G. & R.W. Frey. 1984. Quantitative methods in ichnology: spatial distribution among populations. *Lethaia*, 17:33-49.

Silva, A. & V. Berovides. 1982. Acerca del concepto de nicho ecológico. *Cienc. Biol*.

Uso diferencial de los recursos tróficos en *Ovachlamys fulgens* (Gude, 1900) (Mollusca: Pulmonata: Zonitidae) en un Bosque Tropical Lluvioso Montano.

Abstract: Trophic preferences were studied in the semi-arboreal snail species *Ovachlamys fulgens* in Tropical Mountain Rain Forest of Costa Rica. Eight samples belonging each to a different plant species were put in petri boxes with one snail per box and with a total of 12 snails. The species of plant visited were checked every four hours. It was found a significant preference (X^2, $p< 0.005$) for a Piperaceae (undetermined) and a Rubiaceae (also undetermined) species.

Keywords: Trophic resources preference, *Ovachlamys fulgens*, terrestrial gastropod, Tropical Rain Forest.

INTRODUCCION

Los hábitos alimentarios en los caracoles terrestres, así como otros aspectos de su biología, son en general poco estudiados, cuando no se trata de especies de importancia económica (Newell, 1969). Por otra parte, la biología de los caracoles de las zonas altas se encuentra según nuestros datos, en un estado del conocimiento mucho más incipiente.

En general solo se dispone de reportes aislados de especies colectadas en alturas superiores a 1500 msnm (cfr. Martens, 1890-1901) o estudios más o menos puntuales sobre fenómenos de variación con la altura y otros aspectos de la biología de gasterópodos montanos (Burla & Stahel, 1983; Baur, 1984, 1986).

Esta especie fue estudiada en detalle por Barrientos (1998) (Fig. 1), y de acuerdo a esta autora (Barrientos, Com. Per.), estos caracoles son llamados a veces "caracoles saltarines" debido a que la cola está modificada con un cuerno caudal y la parte posterior del pie actúa como una catapulta para impulsarse desde puntos contiguos permitiendo que los individuos se muevan rápidamente varias pulgadas. Debido a esa característica fue fácilmente identificada por nosotros en el campo

En el presente trabajo se estudió la preferencia de *Ovachlamys fulgens*, a varios tipos de alimento en condiciones de laboratorio.

Fig. 1.- Ejemplar rampante de *Ovachlamys fulgens*. Foto cortesía de Zaidett Barrientos y Julián Monge-Nájera.

MATERIAL Y METODOS

Localidad de estudio: El estudio fue realizado tomando como material ejemplares colectados en el bosque montano lluvioso de la reserva de San Ramón (ca. 1000 msnm), provincia de Alajuela, entre los días 24 y 25 de enero de 1993.

Metodología: Se colectaron 10 ejemplares adultos de la especie en estudio, los cuáles fueron guardados en viales y llevados al laboratorio. También se colectaron muestras de hojas de las ocho especies de plantas sobre las que se colectaron los individuos. En el laboratorio se confeccionaron 10 fragmentos circulares de la misma área para cada especie vegetal, los cuales fueron depositados en placas de petri previamente rotuladas con un número clave para cada especie vegetal sobre la parte externa de la placa (Fig. 2).

Esto se hizo con el objetivo de evitar la confusión del material estudiado. En el centro de cada placa se introdujo un pedacito de algodón húmedo con el objetivo de mantener la humedad dentro de la placa.

Las observaciones se comenzaron a las 12:10 p.m. para dar un tiempo en el que los ejemplares nivelaran el stress sufrido durante la manipulación, ya que la experiencia se terminó de montar a las 3:30 a.m. Se realizaron observaciones cada 2 h hasta las 10:10 p.m. En cada una de estas se consignó si los animales estaban

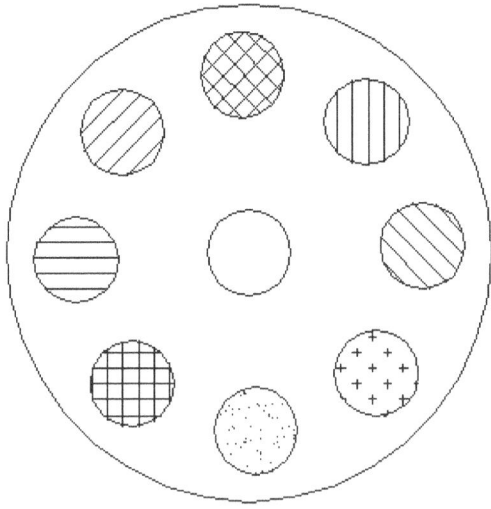

Fig. 2.- Disposición del material vegetal 18 estudiado en las placas de Petri.

alimentándose o realizando otra actividad. De no estar activos los animales se consignaron como inactivos.

Las especies vegetales estudiadas se listan en el cuadro 2.

Cuadro 2.- Listado de especies vegetales consideradas en el estudio.

Especies	Número Clave
Psychotria uliginossa	(1)
Posocheria latifolia	(2)
Heliconia ramonensis	(3)
Heliconia irrasa	(4)
Rubiaceae ?	(5)
Piper sp. 1	(6)
Piper sp. 2	(7)
Piper sp. 3	(8)

Análisis estadístico: Para probar si existieron diferencias en cuanto al uso de las especies vegetales de la experiencia se realizó una prueba de X^2 de bondad de ajuste (Sokal & Rolhf, 1981).

Para calcular X^2, se eliminó la categoría de frecuencias correspondiente a la especie número 3 (*Heliconia ramonensis*), ya que ésta presentó una frecuencia observada de 0.

RESULTADOS Y DISCUSION

La utilización de los recursos por los animales estudiados se observa en la figura 3. En esta se aprecian diferencias notables que resultaron altamente significativas ($X^2 = 20.62$, p < 0.005) (Cuadro 1) en cuanto al uso de las especies vegetales por los caracoles. La mayor cantidad de individuos se observaron alimentándose de *Piper* sp. 1 y *Piper* sp. 2.

Teniendo en cuenta los resultados obtenidos parece posible formular dos hipótesis, por una parte, que los individuos de la especie estudiada no siempre están sobre vegetación alimentándose y una de las posibilidades alternativas es que se encuentren sobre vegetación debido a que la humedad en este tipo de ecosistemas es demasiado alta y está influyendo negativamente sobre las actividades de forrajeo, cópula, etc, si estas se realizan en el suelo.

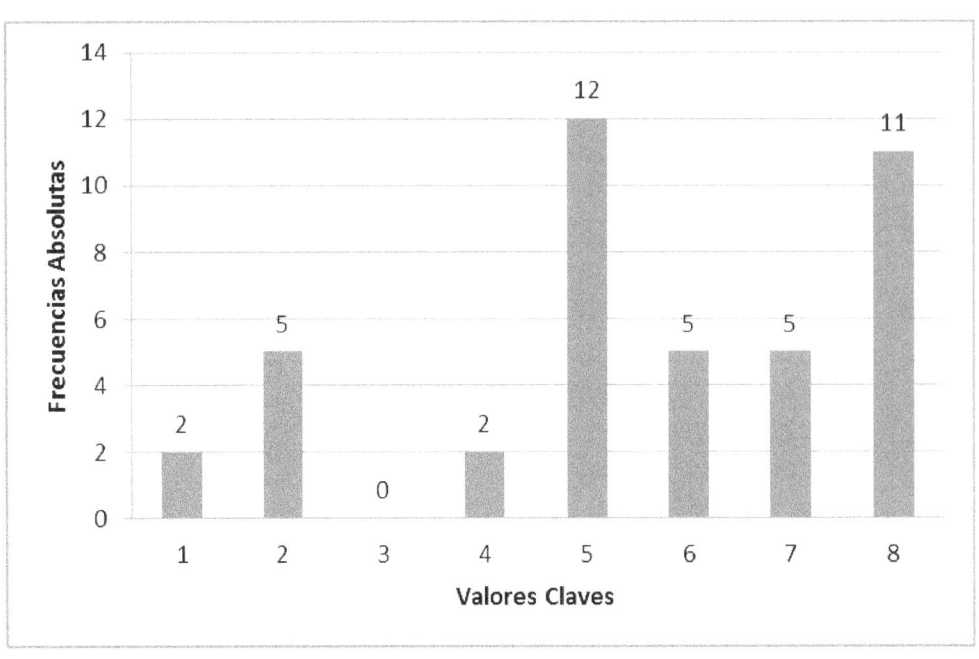

Fig. 3.- Utilización de los recursos tróficos en *Ovachlamys fulgens.*

Cuadro 1.- Frecuencias observadas y esperadas para cada uno de los recursos vegetales estudiados.

Recursos (Especies Vegetales)	Frecuencias Observadas fi	Frecuencias Esperadas Fi	$\dfrac{(fi - Fi)^2}{Fi}$
1	2	5.32	2.07
2	5	5.32	0.02
3	0	----	
4	2	5.32	2.07
5	12	5.32	8.38
6	3	5.32	1.01
7	3	5.32	1.01
8	11	5.32	6.06
N	38 x 1/7		

Por otra parte, es posible pensar que en ocasiones haya ejemplares que se caigan hacia una planta vecina, cuando se encuentren ramoneando sobre la especie de interés.

Otras inferencias que pueden realizarse son, por una parte, que las especies de la familia Piperaceae o tal vez del género *Piper*, contengan sustancias nutritivas requeridas por los moluscos en concentraciones mayores que otras especies o, por otra parte que el tipo de hoja en los ejemplares de la familia presente características físicas que le permitan al molusco un ramoneo más fácil, o ambas hipótesis al mismo tiempo.

También es posible pensar que los ejemplares del género *Piper* presenten pocos compuestos secundarios que puedan ser nocivos para el caracol, o compuestos que se ajusten mejor a su sistema metabólico. Resulta interesante mencionar que las piperáceas producen frecuentemente alcaloides aminados, alcaloides del tipo aporfina o del grupo piridina, también algunos acumulan aluminio y pocos oxalatos de calcio (Montiel, 1991).

La curva de actividad confeccionada con los datos tomados (Fig. 4), muestra el pico máximo de actividad a las 4:10 p.m. y el mínimo a las 8:10 p.m. Se debe tener en cuenta que estos resultados no son altamente confiables ya que no se regularon las condiciones del laboratorio para realizar observaciones de este tipo. No obstante los ciclos biológicos de los gasterópodos terrestres relacionados con el suelo parecen estar grandemente influenciados por las precipitaciones continuas y la naturaleza del dosel que solo permite la entrada de luz difusa en casi todo el área de este tipo de bosque con la excepción de algunos claros que posiblemente no sean detectados por estos invertebrados tan poco vágiles y en su mayoría de pequeño tamaño. Al respecto se plantea que los gasterópodos terrestres son animales crepusculares (Barnes, 1986) o nocturnos (Burch, 1962).

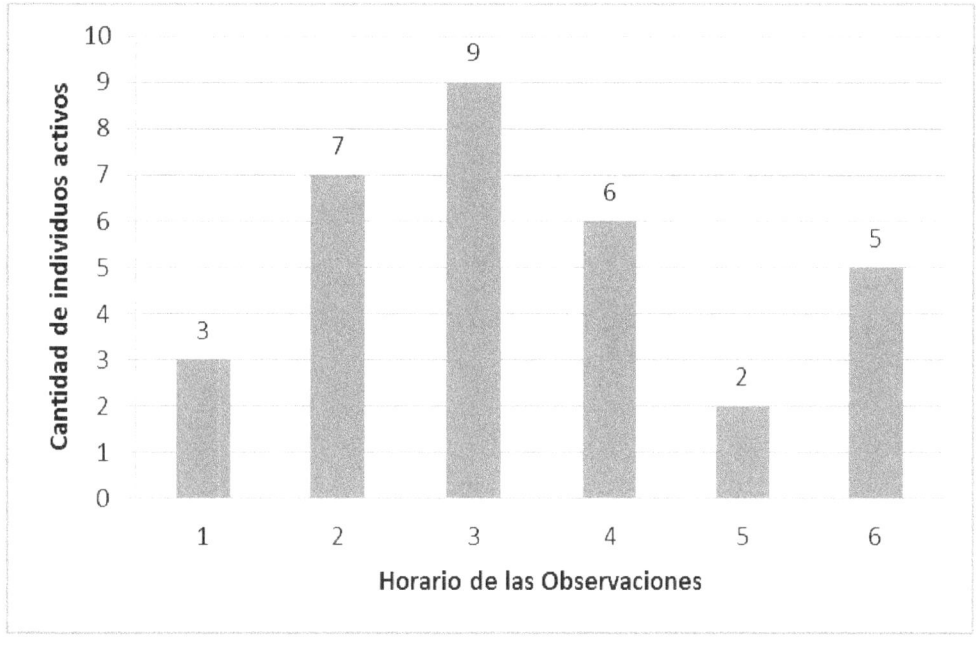

Fig. 4.- Patrones de actividad durante el tiempo de estudio.

REFERENCIAS

Barrientos, Z. (1998). "Life history of the terrestrial snail *Ovachlamys fulgens* (Stylommatophora: Helicarionidae) under laboratory conditions". *Revista de Biología Tropical* **46**(2): 369-384. PDF.

Barnes, R.D. 1986. *Zoología de los invertebrados*. Edición Revolucionaria, La Habana. (2 tomos).

Baur, B. 1984. Shell size and growth rate differences from alping populations of *Arianta arbostorum* (L.) (Pulmonata: Helicidae). *Rev. Suisse Zool.*, 91:37-46.

_____ 1986. Geographic variation of resting behavior in the landsnail *Arianta arbostorum* (L.). Does gene flow prevent local adaptation ?. *Genetica*, 70:3-8.

Burch, J.B. 1962. *How to know the eastern landsnails*. WM. C. Brown Co. Publishers. 214 p.

Burla, H. & W. Stahel. 1983. Altitudinal variation in *Arianta arbostorum* (Mollusca: Pulmonata) in the swiss Alps. *Genetica*, 62:92-108.

Martens, E.v. 1890-1901. *Biologia Centrali-Americana. Land and Freshwater Mollusca.* xxviii + 706 p, pls. 1-44. London, Taylor and Francis.

Montiel, M. 1991. *Introducción a la Flora de Costa Rica*. Editorial de la Universidad de Costa Rica. Costa Rica. 345 p.

Newell, P.F. 1967. Mollusca. *En:* Burges, A. & F. Raw (Eds.) Soil Biology. Academic Press, London, New York. 532 p. (pp. 413-433).

Sokal, R.R. & F.J. Rolhf. 1981. *Biometry*. W.H. Freeman & Co., San Francisco. 859 p.

Notas acerca del forrajeo de *Aramus guarauna* (Avis: Aramidae) en un estero de aguas salobres.

Abstract: Some aspects regarding the feeding behavior of the limpkin (*Aramus guarauna*) are analyzed. Scientific literature point out that this species mainly feeds on *Pomacea* spp. (Mollusca: Gastropoda: Ampullariidae). The authors found it feeding with statistical significance preference (G= 17.79, p < 0.01) on *Aplexa impluviata laeta* (Gastropoda: Basommatophora: Physidae) in a Costa Rican freshwater marsh. The probable causes of this behavior are analyzed and some aspects the snail species biology are studied.

Keywords: *Aramus guarauna*, limpkin, Costa Rican freshwater marsh, feeding preferences and behavior.

INTRODUCCION

Según la literatura existente se conoce que el "caracolero", *Aramus guarauna* es una especie de ave que se alimenta principalmente de especies de caracoles del género *Pomacea* (Sykes & Kale 1974; Hilty, 1986; Ridgely, 1981; Stiles, 1989). Durante observaciones hechas en los humedales del Refugio de Vida Palo Verde, se encontró que esta especie estaba consumiendo, contrariamente a lo que se esperaba una gran cantidad de moluscos del género *Aplexa*, pulmonados fluviatiles de la familia Physidae.

Fig. 1.- *Aramus guarauna* (Cortesía del Lic. José Manuel Zolotoff).

A partir de averiguaciones hechas en el lugar, se supo que hace dos años las lagunas fueron objeto de una quema aparentemente hecha por cazadores con el propósito de eliminar la *Typha dominguensis*, que se ha convertido en una plaga en ese lugar pues su cobertura ha llegado a tal punto que está haciendo cada vez más pequeño el espejo de agua, constituyéndose en una amenaza para las aves residentes y migratorias que necesitan estas lagunas para su subsistencia (G. Barrantes, Com. Per.).

A partir de esto y tomando en cuenta que el género *Pomacea* es una especie que forrajea muy frecuentemente en la vegetación emergente, nos hace pensar que esta pueda haber sido mas afectada que *Aplexa impluviata laeta*, quien por el contrario es una especie de hábitos estrictamente fluviátiles como los otros miembros de la familia (Burch 1989) y quizás debido a esto sus poblaciones quizás son mayores que las de *Pomacea costaricana*. En años anteriores algunos estudios realizados en esta laguna indican que la especie de molusco antes dominante fue *Pomacea costaricana* (Paaby, P. Com. Per.).

Teniendo en cuenta las referencias bibliográficas que sindican que *Aramus guarauna* se alimenta principalmente de *Pomacea* spp.*, nos pareció interesante estudiar aspectos referentes a la densidad poblacional y estructura de edades de este nuevo recurso (*Aplexa impluviata laeta*) disponible para esta ave y que aparentemente esta explotando.

MATERIAL Y METODOS

Localidad de estudio: El Proyecto se llevó a cabo en los Humedales de Palo verde, "Refugio Rafael Lucas Rodríguez Caballero" (Refugio Nacional de Vida silvestre Palo Verde) ubicado en la cabecera inferior del Tempisque, cercano a la cabecera del Golfo de Nicoya, sur central de la provincia de Guanacaste (Hartshorn, 1983), entre los días 1 y 2 de febrero de 1993.

Metodología: El estudio tuvo en consideración dos aspectos: El primero dirigido a conocer la composición de la dieta del "caracolero" *Aramus guarauna* y el segundo dirigido a estudiar algunos aspectos de la biología del molusco *Aplexa impluviata laeta*.

Para lo primero se realizaron siete focales de observación de cinco minutos cada una, distribuidas en las horas en que se supone el ave desarrolla una mayor actividad de forrajeo, es decir temprano en la mañana y por las horas de la tarde. Además se hicieron algunas observaciones al mediodía a fin de ver si se encontraban individuos forrajeando activamente a esas horas.

Para cada uno de estas focales se anotó el número de moluscos ingeridos, así como la técnica de forrajeo. Además se revisaron también los lugares donde forrajeaban a fin de identificar con precisión la especie de molusco de la que estaban alimentándose.

En la segunda parte del estudio se realizaron muestreos para obtener un estimado de la densidad de la población de *A. i. laeta*, para lo cual se utilizó una red de mano de un área de 0.125 m^2 como unidad de muestreo. Para llevar a cabo el muestreo se dividió la comunidad vegetal de la laguna en cuatro parches de vegetación monoespecífica: *Nymphaea alba* (Nymphaeaceae); *Eleocharis* sp. (Cyperaceae) y *Paspalinum* sp. (Poaceae), fue imposible muestrear en los parches de *Typha dominguensis* debido a que no se contaba con el equipo apropiado para hacerlo.

Para cada caso se hicieron cuatro réplicas, además se buscó estimar la estructura de edades de la población para lo cual se hicieron mediciones de la longitud de la concha de todos los individuos capturados en un muestreo hecho en parches de *N. alba* y *Paspalinum* sp.

Para conocer la biomasa del molusco ingerida por *Aramus* se colectaron 23 ejemplares entre las tallas máximas y mínimas encontradas en los comederos revisados. La biomasa de cada individuo se calculó restando el peso de la concha del peso total.

RESULTADOS Y DISCUSION

La cantidad de moluscos ingeridos en los siete (7) focales estudiados, fue de dos (2) como promedio (Cuadro 1). Debe resaltarse que el 100% de los moluscos de los cuales se alimentó esta especie pertenecieron a *A. i. laeta*.

La técnica de forrajeo del ave consiste en moverse despacio entre la vegetación, de preferencia *Paspalinum* sp. y *Eichornia* sp., buscando los caracoles y luego los agarra con el pico para posteriormente extraer la parte blanda. Con *Pomacea* sp., *Aramus* hace una perforación en la concha a fin de extraer la parte blanda debido a que este caracol tiene un opérculo que al cerrarlo hace un efecto de vacío que imposibilita la extracción del animal. Mientras que para *A. i. laeta*, el ave puede extraer fácilmente la parte blanda sin romper la concha pues esta no tiene opérculo. Durante el mediodía el ave la pasa descansando posado sobre el suelo, acicalándose, aireándose, etc.

Se revisaron cuatro (4) comederos cuya composición y cantidad de ejemplares están contenidos en el Cuadro 2, en estos la frecuencia observada de *A. i. laeta* fue significativamente mayor que la de *Pomacea* sp. (G= 17.79, p < 0.013).

Cuadro 1.- Cantidad de ejemplares capturados por *A. guarauna* en parches de *Paspalinum* sp. en las focales de observación.

Focal	Hora	Cantidad de ejemplares capturados
1	08:35-08:40	3
2	08:45-08:50	1
3	11:00-11:05	3
4	11:26-11:31	1
5	17:12-17:17	3
6	17:22-17:27	2
7	17:32-17:37	1
Total		$\bar{X} = 2$

Cuadro 2.- Comederos analizados de *A. guarauna* con el número de individuos encontrados por especie de molusco.

Especies	Comederos			
	1	2	3	4
A. i. laeta	5	1	5	7
P. costaricana	1	4	1	0

Las conchas de *A. i. laeta* encontradas en los comederos (n= 21) tuvieron un tamaño promedio de 32.02 mm (Max. 36.4 mm y min. 27.5 mm), ds= 2.34 mm. La biomasa promedio, calculada para los ejemplares colectados dentro de los tamaños preferidos por el ave, fue de 1.4 g, este valor nos permite tener una idea de la cantidad de biomasa ingerida por un individuo durante cada acto de alimentación, en los que ingiere entre 1 y 3 ejemplares de *A. i. laeta*.

El valor estimado de la densidad de la población de *A. i. laeta* en el parche de *N. alba* fue de 117.44 ind/m^2 y para el parche de *Paspalinum* sp., fue de 12 ind/m^2 , los que constituyen valores muy altos de densidad, sobre todo si tenemos en cuenta que los instrumentos de colecta fueron improvisados y desestiman una parte, a nuestro juicio importante, de los ejemplares presentes. Esta característica apunta a que estamos en presencia de una especie de estrategia r, que es apoyado por otros aspectos de su biología como es su carácter eurioico o amplia tolerancia ante diversos factores ambientales.

Durante este muestreo no se encontraron individuos de *P. costaricana*, solo se observó su presencia en algunos de los comederos de *A. guarauna*, esto nos hace pensar que la densidad del caracol debe ser muy baja en los parches de vegetación muestreados. Aunque pensamos que en los parches de *T. dominguensis* la población de *P. costaricana* podría ser mayor. Esto se apoya en las observaciones de forrajeo del gavilán caracolero, *Rostrhamus sociabilis*, del que se sabe tiene una preferencia casi exclusiva para alimentarse de caracoles del género *Pomacea* (Hilty, 1986; Ridgely, 1981; Stiles, 1989).

Esta ave es muy común en la laguna y se le ve constantemente dando vueltas en los parches de *Typha* además de forrajear en el lugar. Esto puede demostrarse mediante el análisis de cinco comederos de *R. sociabilis*, donde la frecuencia observada de *P. costaricana* es muy significativamente mayor que la de *A. i. laeta* (G= 45.07, p< 0.001) (Cuadro 3).

Cuadro 3.- Comederos analizados de *Rostrhamus sociabilis* con el número de individuos encontrados por especie de molusco.

Especies	Comederos				
	1	2	3	4	5
Pomacea costarricana	2	1	1	1	13
Aplexa impluviata laeta	0	0	1	0	0

La estructura de edades (Fig. 2) determinada con los ejemplares colectados para el estudio de densidad muestran que la población presenta una estructura de J invertida, característica que se presenta también en especies con estrategia reproductiva r , coincidiendo con lo observado en otras especies del género (Pérez, 1987). No obstante, esto también puede deberse a que *Aramus guarauna* está depredando fuertemente sobre los tamaños más grandes del caracol, afectando ostensiblemente la estructura de edades real de la *Aplexa impluviata laeta* en el biotopo estudiado. Los datos de los 23 moluscos colectados en las tallas de las cuáles se alimenta *Aramus* se resumen en el Cuadro 4.

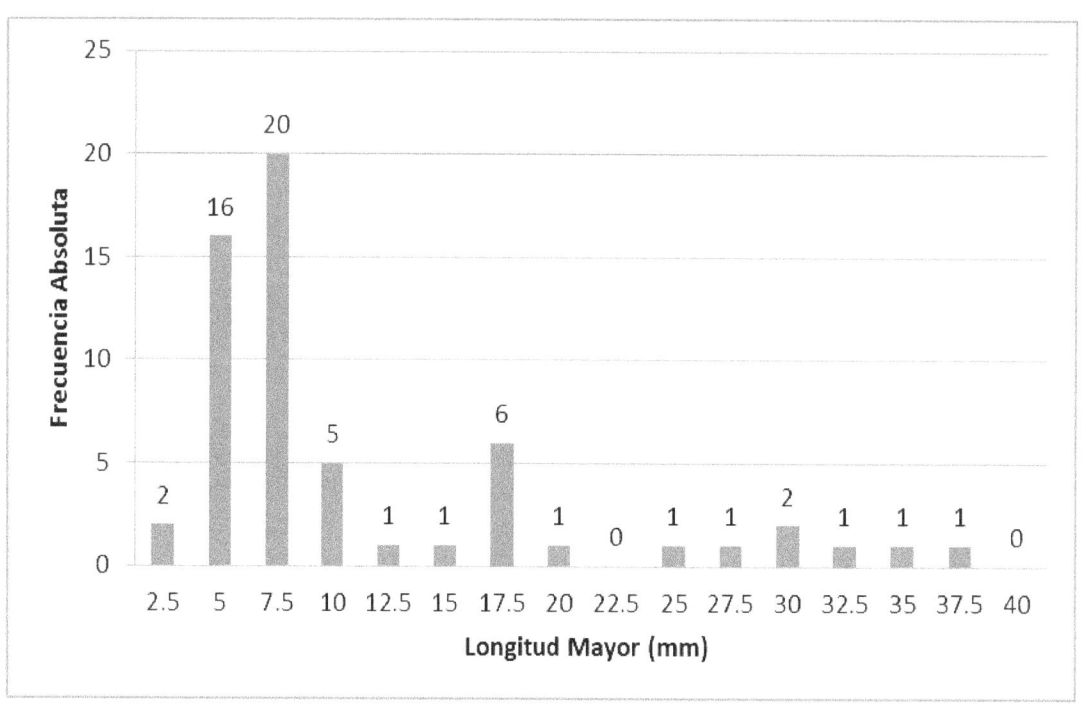

Fig. 2.- Estructura de edades en *Aplexa impluviata laeta* (Pulmonata: Basommatophora: Physidae).

Cuadro 4.- Valores promedio del peso total, peso de la concha y peso de la parte blanda de *A. i. laeta* en los tamaños más usados por *A. guarauna*.

Estadísticos Descriptivos					
Variable de la concha	$\overline{X}$	Mín.	Máx.	S	S^2
Peso total	3.17	1.35	6.8	0.99	0.97
Peso concha	2.07	0.65	6.05	1.04	1.07
Parte blanda	1.14	0.7	1.75	0.25	0.06
n= 23					

AGRADECIMIENTOS

Este trabajo fue realizado en coautoría con el Lic. José Tello Sandoval, ornitólogo de la Asociación de Ecología y Conservación del Perú.

REFERENCIAS

Barrantes, G. Ornitólogo. Profesor- Investigador. Universidad de Costa Rica, Costa Rica.

Burch, J.B. 1989. *North American Freshwater Snails*. Malacological Publications. Michigan. 365 p.

Hilty S. L. & W. L. Brown. 1986. *A guide to the birds of Colombia*. Princeton, N.J.: Princeton University Press.

Hartshorn G.S. 1983. Plants: Introduction. *En:* Costa Rican Natural History. D.H. Janzen (ed.). Chicago: University of Chicago Press. pp. 119-186.

Paaby, P. Limnóloga. Profesora-Investigadora. Universidad de Costa Rica.

Pérez A.M. 1987. *Algunos aspectos de la Taxonomía y la ecología de moluscos fluviátiles de importancia médica*. Tesis de Licenciatura. Facultad de Biología, Universidad de la Habana. 154 p.

Ridgely R. S. 1981. *A guide to the birds of Panama*. Princeton, N.J., Princeton University Press. U.S.A. 404 p.

Stiles F.G & A. F. Skutch. 1989. *A guide to the birds of Costa Rica*. Cornell University Press. U.S.A. 510 p.

Algunos aspectos de la biología de *Argiope trifasciata* (Aranae: Argiopidae).

Abstract: Different aspects of the reproductive behavior were studied in the freshwater-marsh associated species *Argiope trifasciata*. There were visited 475 spider webs and counted the quantity of spiders, presence of males and size of females. There were found non significant relations between the presence of the males in the spider web and the stage of the females (juvenile and adults). We also found a significant trend (X^2, $p < 0.05$) to the disappearance of the stabilimento with age in spider webs. the relation between the presence of this structure (stabilimento) and prays in the spider webs shown a non significant relation.

Keywords: *Argiope trifasciata*, reproductive biology, freshwater marsh spider.

INTRODUCCION

Argiope trifasciata es una especie de araña del grupo que forma telas orbiculares, alcanza una longitud máxima entre 13 y 14 mm y se distribuye en Centroamérica donde ocupa hábitats de diferentes tipos (Eberhard, W., Com. Per.)

Estas arañas pueden formar dos tipos de telas, una tela principal y una tela de barrera. En la primera se puede presentar una estructura llamada estabilimento, la cual puede estar compuesta por dos partes, el o los brazos, ya que puede presentar hasta dos y el disco o alguna de las dos (Barnes, 1976).

En el presente trabajo nos propusimos varios objetivos, el primero de ellos estuvo relacionado con la comprobación del patrón de precedencia predicho para otras especies muy cercanas filogenéticamente con *Argiope trifasciata*; en éstos se ha comprobado que los machos quieren ser los primeros en copular a las hembras una vez que estas sufren la última muda para convertirse en adultas, lo cual tiene el objetivo de garantizar que sus espermatozoides sean los que fertilicen a la hembra y así asegurar que su información genética sea transmitida.

El segundo objetivo fue dilucidar si cambia el patrón del estabilimento (Fig. 1) con la edad, y en tercer lugar se trató de estudiar la función del estabilimento, para lo cual nos formulamos dos hipótesis, una si este atrae presas y la otra si les sirve como protección a las arañas contra los depredadores.

Fig. 1.- Araña de especie no identificada en su tela con presencia de un estabilimento con cuatro brazos para reforzar la tela.

MATERIAL Y METODOS

Localidad de estudio: El Proyecto se llevó a cabo en los Humedales de Palo verde, "Refugio Rafael Lucas Rodríguez Caballero" (Refugio Nacional de Vida silvestre Palo Verde) ubicado en la cabecera inferior del Tempisque, cercano a la cabecera del Golfo de Nicoya, sur central de la provincia de Guanacaste (Hartshorn, 1983), entre los días 1 y 2 de enero de 1993.

Metodología: Se visitaron 475 telas de araña asociadas con diferentes tipos de vegetación emergente en el estero de Palo Verde; en éstas se estudiaron las siguientes variables:

Cuantitativas continuas:

1. Diámetro de la tela
2. Tamaño de la araña

Cuantitativas discretas:

3. Número de presas capturadas

Cualitativas:

4. Sexo
5. Hembra Flaca/Gorda

Presencia/ Ausencia:

6. Estabilimento Disco
       Brazo 1
       Brazo 2

7. Tela de barrera
8. Macho en la tela

La variable 8 y la 5 se midieron con el objetivo de estudiar los patrones de precedencia, ya que la presencia de macho en la tela implica que la hembra es adulta o está muy cercana a sufrir la última muda para convertirse en tal. El criterio de hembras gordas y flacas permite separarlas en grávidas y no grávidas de una manera rápida y sencilla.

Los criterios de gorda y flaca en las hembras adultas se propusieron estableciendo una categorización visual cualitativa después de observar algunos ejemplares para reconocer las diferencias entre ambos estados. La diferencia entre hembras adultas y juveniles se estableció considerando adultas las que presentaron una talla superior a 9 mm; se consideraron juveniles las que presentaron tallas entre 7 y 9 mm.

Análisis estadístico: Para el estudio de los patrones de precedencia se confeccionó en primer lugar una tabla de contingencia de 2x3 (Sokal & Rolhf, 1981), en las que se compararon las telas con macho y sin macho en relación con la condición de la hembra, la cual podía ser juvenil, adulta flaca o adulta gorda.

RESULTADOS Y DISCUSION

Patrones de precedencia en machos:

Los resultados del análisis entre la presencia de machos en la tela y el estado de las hembras (juveniles, adultas gordas y adultas flacas) demostró la existencia de una relación muy significativa entre ambas variables (X^2, $p < 0.01$).

En un análisis posterior solo se consideró una división entre hembras adultas y juveniles, ya que una hembra flaca puede ser una hembra que acaba de poner y no una hembra que acaba de pasar de juvenil a adulta. En este caso se observó nuevamente que existe una relación muy significativa entre la presencia del macho en las telas y el estado de la hembra (X^2, $p < 0.01$) prefiriendo al igual que en el caso anterior las telas con hembras adultas.

Posteriormente se realizó otro análisis en el cual se excluyeron las hembras juveniles de 7 mm por considerar que probablemente estas sean muy jóvenes para ser asediadas por los macho. En este se obtuvo una relación significativa (X^2, $p < 0.05$) entre la presencia del macho en las telas con hembras adultas.

Mediante el análisis realizado excluyendo las hembras juveniles con 8 mm de longitud, es decir, solo analizando las hembras juveniles de 9 mm con relación a las hembras adultas, para afinar aun más los resultados, no se obtuvieron diferencias (X^2, p>0.05) entre la presencia de machos entre telas con hembras adultas y juveniles.

Este último análisis que nos parece el más fino ya que aparentemente establece la categoría de juveniles en el punto más cercano de transición hacia individuos adultos, arroja resultados de los cuales solo podemos concluir que con los datos que tenemos es imposible conocer si los machos tienen un patrón primario o secundario de precedencia.

¿Cambia el patrón del estabilimento con la edad?:

Como puede observarse (Cuadro 1) existe una tendencia significativa (X^2, p< 0.05) a que los estabilimentos desaparezcan en la medida que la edad aumenta.

Cuadro 1.- Valores de la presencia o ausencia de estabilimento en arañas de diferentes clase de tamaño (mm).

Condición	1-3	4-6	7-9	10-12	13-15	Total
Presencia	79(53)	96(81)	36(40)	15(36)	9(25)	235
Ausencia	34(60)	77(92)	49(45)	61(40)	44(28)	265
Gran Total	113	173	85	76	53	500

Por otra parte se observó, que el patrón general del disco como parte del estabilimento presenta una tendencia también significativa a desaparecer (X^2, p< 0.05) a medida que la araña aumenta en tamaño; los estabilimentos en forma de brazo se mantienen mientras los otros desaparecen (Cuadro 2).

En base a estos resultados se puede aseverar que el patrón de lo estabilimento cambia con la edad de la araña, lo cual sugiere que posiblemente la presencia del estabilimento tipo disco esté ligada a mecanismos de defensa durante los estadíos inmaduros de la araña.

Cuadro 2.- Valores comparativos del estabilimento estudiando por separado sus dos componentes en arañas de diferentes clases de tamaño.

Tipo de Estabilimento	1-3	4-6	7-9	10-15	Total
Disco	74(61)	86(86)	28(34)	15(36)	196
Brazo	24(37)	52(52)	26(20)	18(10)	120
Total	98	138	54	26	316

Funciones del estabilimento. a) Atraer presas:

El análisis de la relación entre la presencia de estabilimento y muestra que existen mayor cantidad de telas con presas cuando no se presenta estabilimento, es decir no existe relación entre la presencia de estabilimento y la captura de presas (X^2, p> 0.05). Por lo tanto, es posible concluir que la presencia de estabilimento no implica una captura de presas más efectiva.

Al analizar de manera más específica, la posible relación entre la presencia de brazos en el estabilimento y la captura de presas, se comprobó que entre estos tampoco existe relación (X^2, p> 0.05).

Los que producen más estabilimento ¿también producen más tela de barrera:

El comportamiento del estabilimento en relación con la tela de barrera (Fig. 2) se estudió analizando por separado los discos y los brazos. La presencia de discos y de tela de barrera disminuye significativamente con la edad (X^2, p < 0.05) lo que parece confirmar la hipótesis de que ambas estructuras tengan una función de protección contra los depredadores. Es notable como ambas estructuras comienzan a desaparecer en clases de tamaño donde los individuos pueden protegerse con mayor seguridad.

Los brazos permanecen durante todo el ciclo de vida del animal, lo que hace pensar que estos no tienen una función de protección, sino más bien de sostén, es decir, para brindar mayor estabilidad a la tela.

Estudiando el estabilimento como un todo se llegó a la conclusión de que los que producen más estabilimento producen también más tela de barrera, es decir, ambas variables están relacionadas de manera muy altamente significativa (X^2, p< 0.001).

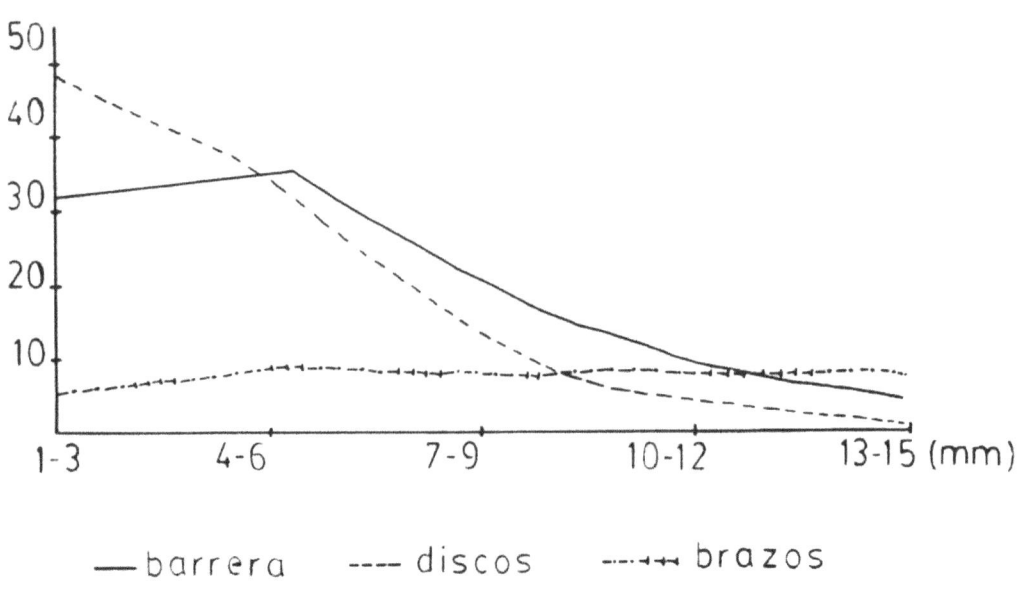

Fig. 2.- Variación de la presencia de tela de barrera y estabilimento (discos y brazos) con la edad en *Argiope trifasciata*.

AGRADECIMIENTO

Este trabajo fue realizado en colaboración con los siguientes colegas: Rolando Dolmus, Germán Amat, Juan Antonio Bernal, Magnolia Calderón, Martin Lezama, Johnny Rodríguez, Mercedes Rouges, Ernesto Ruelas y Rosa Sandoval.

REFERENCIAS

Barnes, R.D. 1986. *Zoología de los invertebrados*. Edición Revolucionaria, La Habana. (2 tomos).

Eberhard, W. Biólogo-Evolucionista. Profesor-Investigador. Universidad de Costa Rica, Costa Rica.

Hartshorn, G.S. 1983. Plants: Introduction. *En:* Costa Rican Natural History. D.H. Janzen (ed.). Chicago: University of Chicago Press. pp: 119-186.

Sokal, R.R. & F.J. Rolhf. 1981. *Biometry*. W.H. Freeman & Co., San Francisco, 859 p.

Análisis de la relación entre el tamaño de la quela mayor y la abertura de la concha ocupada por cangrejos ermitaños.

Abstract: The relation between the size of the bigger claw and the aperture of the host shell in hermit crabs was studied in a sample (n= 92) of a population from the northern Pacific coast of Costa Rica. High significant values (r= 0.72, p< 0.01) were found between both variables analyzed, which confirms the underlying selective patterns for the shell selection behavior by crabs. It is briefly discussed the association between hermit crabs and gastropod shells.

Keywords: Hermit crabs, aperture size, correlation,

INTRODUCCION

El uso de las conchas de moluscos por los cangrejos ermitaños es conocido y ha sido reportado en la literatura científica desde hace muchos años; no obstante, debido a la estrecha relación que desarrollan estos crustáceos con las conchas de los moluscos gasterópodos que usan como refugio, muchas personas piensan que estas constituyen el exoesqueleto de los animales.

Los cangrejos ermitaños dependen de las conchas vacías de moluscos gasterópodos, las cuales no pueden adquirir cuando los moluscos están vivos (Bertness, 1981), con contadas excepciones (cfr. Randall, 1964; Rutheford, 1977). Las conchas son necesarias para los cangrejos ermitaños como protección contra los depredadores y tensiones físicas (Reese, 1969; Bertness, 1980) y actúan de forma similar a un exoesqueleto de crustáceo restringiendo el crecimiento de los cangrejos.

En estos animales tiene lugar una interesante conducta de defensa ante los predadores que consiste en el bloqueo de la abertura de la concha del molusco en que se encuentra, con una de las quelas, siendo la de mayor tamaño la que usa para tal efecto.

En el presente trabajo se exploró la existencia de relación entre el tamaño de la quela mayor y la longitud, usada como el indicador más exacto del tamaño de la abertura de la concha del caracol. De existir una correlación entre estas variables, es posible asumir que estos crustáceos eligen una concha con un tamaño de abertura que les permita bloquear la entrada a cualquier posible depredador.

Fig. 1.- Hábitat similar a la localidad de estudio.

MATERIAL Y METODOS

Localidad de estudio: El estudio fue realizado en el Parque Nacional de Corcovado, ubicado al sur de la Península de Osa, en la región del Pacífico de Costa Rica (coordenadas), entre los días 11 y 12 de marzo de 1993.

Metodología: Se procesaron 92 ejemplares de cangrejos ermitaños y las conchas que se encontraban ocupando. En los primeros se midió la longitud de la quela (Fig. 2) y en los segundos la abertura de la concha. También se anotó la forma general de la concha en cada uno de los ejemplares procesados.

De acuerdo a la forma general de la concha en las especies colectadas, se trabajó incluyendo cada ejemplar dentro de uno de cuatro tipos morfológicos básicos generales (Fig. 3):

1. Cilíndrica (p.ej. *Bulla* spp.)
2. Turriculada (p.ej. *Cerithium* spp.)
3. Bicónica (p. ej. *Conus* spp.)
4. Semicircular (p. ej. *Neritina* y *Neritina* spp.)

Estos criterios se tomaron de Burch (1962) (simplificado).

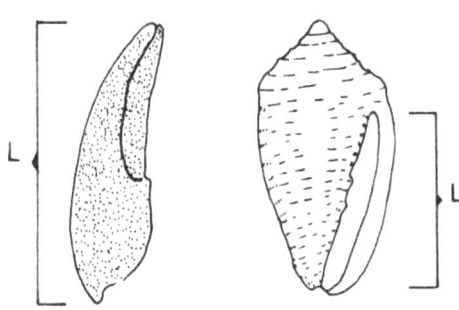

Fig. 2.- Representación esquemática de las variables medidas. A) Longitud de la quela mayor, y B) longitud de la abertura en las conchas de los gasterópodos.

La longitud de la abertura puede definirse como la distancia entre los dos puntos más distantes de la abertura. La longitud de la quela mayor se puede definir como la distancia entre el extremo basal y el extremo distal de la quela.

Análisis estadístico: Para el análisis estadístico de los datos se empleó una correlación de Pearson (Sokal & Rolf, 1981) entre la longitud de la abertura de la concha de los moluscos y la longitud de la quela de cierre de los cangrejos.

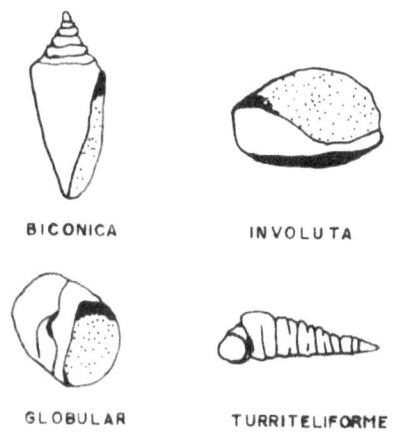

BICONICA   INVOLUTA

GLOBULAR   TURRITELIFORME

Fig. 3.- Tipos morfológicos generales de conchas de gasterópodos, considerados en el trabajo.

RESULTADOS Y DISCUSION

Correlación longitud de la quela mayor- abertura de la concha hospedera:

En los estadísticos calculados a las variables medidas (Cuadro 1) en los ejemplares estudiados, uno de los aspectos más interesantes que puede señalarse es la diferencia entre los valores del rango para las dos variables cuantitativas, los cuales son mucho más amplios para la longitud de la abertura.

Esto podría estar indicando que los cangrejos están eligiendo preferentemente conchas en las cuáles puedan permanecer un tiempo más o menos extenso de su ciclo de vida para posteriormente buscar una nueva, como plantearon Markham (1968) y Fotheringham (1976a, 1976b).

Cuadro 1.- Estadísticos calculados en los datos morfométricos obtenidos.

Estadístico	Longitud de la Abertura	Longitud de la Quela
Promedio	10.19	6.49
Varianza	9.404	3.115
Desviación Estándar	3.066	1.765
Mínimo	5.7	3.8
Máximo	23.3	12.7

En el diagrama de dispersión de los valores del tamaño de la quela contra la longitud de la abertura (Fig. 3) se observa una relación exponencial y muy altamente significativa (r = 0.72, p < 0.001, r^2= 52.12 %) entre ambas variables estudiadas. Esto se observa muy claramente en los tamaños menores de quela.

En los tamaños mayores de quela, se observa esencialmente una tendencia general en el mismo sentido, ya que para obtener una visión más clara del fenómeno hubiera sido necesaria la medición de mayor cantidad de ejemplares. No obstante en los tamaños mayores de quela (> 7.8 mm) existen algunos ejemplares se encuentran ocupando conchas con aberturas menores de lo que pudiera esperarse.

Se plantea que estos animales aparentemente buscan refugio para un tiempo determinado, en cuyo caso el tamaño de la quela quedaría subestimado con respecto al de la abertura. Por consiguiente existen cangrejos que no han podido cambiar su concha y en este caso el tamaño de la quela subestimaría el tamaño de la abertura.

Se debe señalar que el proceso de seleción de la concha en estos animales consiste en la medición de la abertura de la concha hospedera para lo cual utiliza la quela mayor como instrumento de medición. Mientras esto ocurre otro individuo está midiendo la concha que este último acaba de abandonar, de modo que si no es preciso en su estimación, tendrá que ocupar una concha mayor o menor que la teóricamente ideal por un período de tiempo determinado.

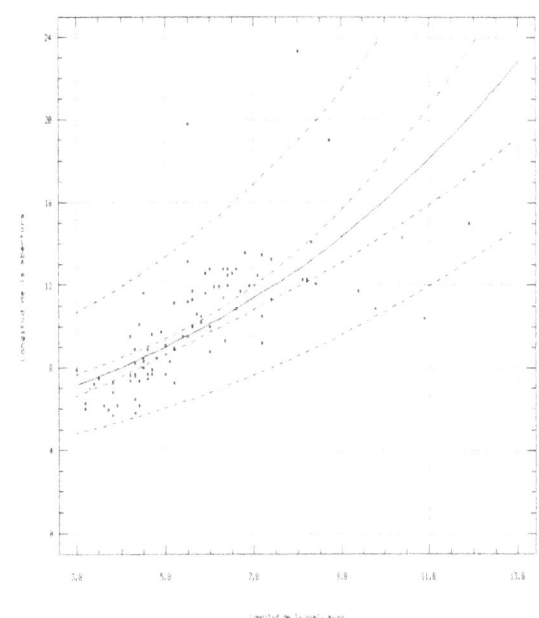

Fig. 3.- Diagrama de dispersión de las dos variables medidas en los cangrejos ermitaños.

Lo anteriormente planteado sugiere que los valores de correlación entre las variables medidas están influenciados por una serie de factores bióticos (v.g. competencia, depredación, etc.) así como abióticos que pueden estar afectando de manera ostensible los resultados obtenidos.

En el diagrama de dispersión de los valores del tamaño de la quela contra la longitud de la abertura tomando en cuenta la forma de las conchas estudiadas (Fig. 4) se observa una tendencia más o menos homogénea entre todas las formas generales de las conchas, principalmente en las clases de tamaños menores (3.8 - 9.8 mm). No obstante se observan dos individuos que ocupan conchas de forma bicónica notablemente separadas del resto de la nube de puntos, lo que se debe presumiblemente a la forma alargada de la abertura de este tipo de conchas (cf. *Conus* spp.).

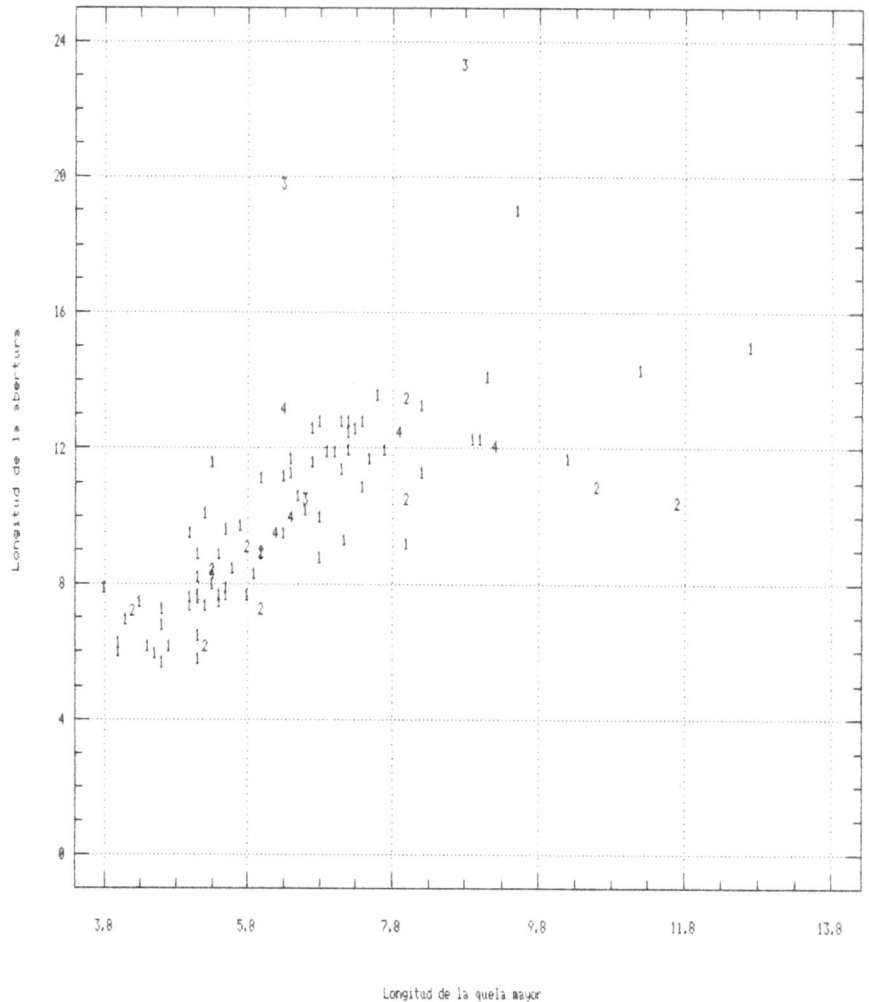

Fig. 4.- Relación longitud de la quela- tamaño de la abertura - forma de la concha hospedera en los individuos medidos.

En los tamaños mayores (> 9.8 mm) no se observan tendencias debido a la poca cantidad de mediciones disponibles en estas clases.

Marco teórico general:

Aunque no se dispone de datos precisos, este fenómeno de "asociación" debió aparecer muy tempranamente en la evolución de estos crustáceos, los cuales han desarrollado una dependencia tan grande por las conchas de los moluscos, que todo el exoesqueleto del abdomen ha desaparecido.

Teniendo en cuenta que en esta interacción una especie se beneficia y la otra no se perjudica, ya que la concha usada corresponde a caracoles muertos, sería posible

44

considerarla "comensalismo" en el sentido de Howe y Westley (1988) (Cuadro 2) no obstante, según estos autores, el comensalismo implica que una especie se beneficia sin perjudicar a la otra, para lo cual es de suponer que las dos especies estén vivas, y es conocido que los cangrejos ermitaños ocupan las conchas vacías de los gasterópodos muertos.

En nuestra opinión esto constituye un tipo particular de relación interespecífica cuya nomenclatura debe ser reanalizada.

Cuadro 2.- Interacciones interespecíficas (según Howe & Westley, 1988).

0/0	Neutralismo Las especies interactúan sin afectarse una a la otra.
0/+	Comensalismo Una especie se beneficia sin afectar a la otra.
0/-	Amensalismo Una especie sufre y la otra no.
-/-	Competición Dos especies usan el mismo recurso limitante.
-/+	Herbivoría, Parasitismo y Predación Una especie se come a la otra.
+/+	Mutualismo Las dos especies se benefician.

REFERENCIAS

Bertness, M.D. 1980. Predation, physical stress and the organization of a tropical hermit crab community. *Ecology*,

_____ 1981. Pattern and plasticity in tropical hermit crab growth and reproduction. *The American Naturalist*, 117(5):755-773.

Fotheringham, N. 1976a. Effects of shell stress and the growth of hermit crabs. *J. Exp. Mar. Biol. Ecol.* 23:209-305

---------------- 1976b. Population consequences of shell utilization by hermit crabs. *Ecology*, 57(3):570-578

Howe, H.F & L.C. Westley. 1988. Plants and Animals in modern communities. In Ecological relationships of plants and animals. Oxford University Press, New York.

Markham, J.C. 1968. Notes on growth patterns and shell utilization of the hermit crab *Pagurus bernhardus* (L.) *Ohelia*, 5:189-205.

Randall, J.E. 1964. Contribution to the biology of the queen conch, *Strombus gigas. Bull. Mar. Sci. Gulf. Carr.* 14: 246-295.

Reese, E.S. 1969. Behavioral adaptations of intertidal hermit crabs. *Am. Zool.* 9(2):343-355.

Rutheford, J.C. 1977. Removal of living snails from their shells by a hermit crab. *Veliger*, 19:438-439.

Evaluación preliminar del efecto de borde entre un Bosque Tropical Lluvioso y un cultivar de Cacao en la diversidad de las comunidades de moluscos gasterópodos terrestres.

Abstract: The number of terrestrial gastropods species was assessed in a non altered Tropical Rain Forest and its border with an abandoned Cacao Plantation. Three species were found in the forest and nine in the border. The Czekanowski index of similitude show a low value (I.C.= 36 %). The biogeographical index was slightly higher in the forest (IB= 2) and IB= 1.6 for the border.

Keyword: Border effect, diversity, communities, terrestrial gastropods, Costa Rica.

INTRODUCCION

De acuerdo a Odum (1986) las comunidades ecotónicas desarrolladas pueden contener organismos específicos de cada una de las adyacentes además de especies propias, lo que aumenta allí el total de especies.

No obstante, tal incremento de la diversidad está lejos de ser un fenómeno universal; el exceso de borde (muchos bloques pequeños de hábitat) puede provocar una disminución en esta. Thomas *et al.* (1979) plantearon que, en teoría, la máxima diversidad de especies se produce cuando los bloques de hábitat son grandes o suficientemente grandes y el borde total de la región también es considerable.

En el presente trabajo se realizó una evaluación preliminar del efecto del borde entre un Bosque Tropical Lluvioso no antropizado y un Cacaotal Abandonado en la diversidad de las comunidades de moluscos gasterópodos terrestres.

Fig. 1.- Bosque tropical lluvioso.

MATERIAL Y METODOS

Localidad de estudio: El muestreo se llevó a cabo en la Estación Biológica de La Selva (10°26' N, 86°00' W) (medias anuales: 24 °C y 4,000 mm de lluvia), Sarapiquí, Heredia, Costa Rica; del 21 al 23 de febrero de 1993.

Metodología: Para el estudio se realizaron cinco parcelas de 1x1 m en el borde Bosque Tropical Lluvioso-Cultivar de Cacao y otras cinco dentro del Bosque Tropical. Las parcelas se distribuyeron al azar dentro de ambas áreas.

En cuatro de las cinco parcelas se siguió el método de conteo directo sobre el sustrato (Santos & Hairston, 1956) y en una parcela de cada área se recogió la capa superficial del suelo, la cual se guardó en bolsas de plástico y se llevó al laboratorio donde fue analizada bajo el microscopio estereoscópico.

Este último método es muy recomendado por Santos y Hairston (1956), Newell (1967) y Coney *et al.* (1983), sobre todo cuando se tiene interés en contabilizar grupos de tamaño muy pequeño. El trabajo estuvo dirigido a estudiar la fauna del suelo, aunque en una de las muestras apareció la concha de un ejemplar arborícola, la cual también fue contabilizada para el análisis.

Análisis de los datos: Para el análisis de los datos se usó el índice biogeográfico de Pérez *et al.* (1996) que está dado por la expresión:

$$IB = \sum_{i=1}^{n} \text{Valor biogeográfico del taxón} / n \quad \text{donde:}$$

n: número de taxones en la comunidad de estudio.

Este índice supone la asignación de una escala de valores a las especies en relación con su distribución, p. ej.:

1. Especies Cosmopolitas
2. Especies Autóctonas
3. Especies Endémicas

Para la comparación entre las comunidades se aplicó el índice de Czekanowski que viene dado por la expresión:

$$IC = \frac{2C}{a + b} \times 100 \quad \text{donde:}$$

a: número de especies de la comunidad A
b: número de especies de la comunidad B
c: número de especies comunes entre ambas comunidades

También se usó el índice S de riqueza de especies que es el índice de diversidad más sencillo.

En el texto se usan las siguientes abreviaturas:

B-BTLI-CA: Borde Bosque Tropical Lluvioso-Cacaotal Abandonado
BTLI: Bosque Tropical Lluvioso
C: Cacaotal Abandonado

Los especímenes se encuentran depositados en las colecciones UCACM (Colecciones Malacológicas de la Universidad Centroamericana, Managua, Nicaragua).

RESULTADOS Y DISCUSION

Se colectaron un total de diez formas, distribuidas en diez géneros y seis familias (Cuadro 1), en los dos biotopos estudiados. Este valor corresponde a una comunidad con una riqueza de especies más bien alta, ya que de acuerdo a Solem y Climo (1985) las comunidades de gasterópodos terrestres están compuestas generalmente por núcleos de entre cinco y 12 especies.

Del total de formas colectadas nueve fueron encontradas en el B-BTLI-CA y tres en el BTLI, lo que evidencia un marcado efecto de borde. Dada la característica del CA, el cual se dispone paralelamente al bosque y es más o menos estrecho no se realizó muestreos exclusivos en esta área.

Cuadro 1.- Listado sistemático de las especies colectadas en el Bosque Tropical Lluvioso (B), en el Cacaotal (b) y en ambos biotopos (Bb).

Clase Gastropoda Cuvier, 1795

Subclase Prosobranchiata Milne-Edwards, 1848

Familia Helicinidae

Helicina funcki Pfeiffer, 1848; b-2

Familia Poteriidae

Neocyclotus irregularis (Pfeiffer, 1855); Bb-3

Subclase Pulmonata Cuvier, 1817

Familia Carychiidae

Carychium exiguum (Say, 1822); b-1

Familia Subulinidae

Subulina octona (Bruguiére, 1792); b-1
Beckianum beckianum (Pfeiffer, 1846); Bb-1
Leptinaria lamellata (Potiez et Michaud, 1838); b-1
Opeas sp.; b-(?)

Familia Zonitidae

Glyphyalinia sp.; b-3

Familia Orthalicidae
Orthalicus princeps (Broderip in Sowerby, 1833); B-2
Bulimulus unicolor (Sowerby, 1833); b-1

═══

El número indica el valor biogeográfico de la especie. Otra explicación para esta notable variación de riqueza de especies entre el BTLI y el B-BTLI-CA, podría ser la naturaleza del suelo, la cual es mas bien ácida en el BTLI y con ph básicos en el B-BTLI-CA (D. Clark, Com. Per.).

Aunque no se hicieron estimaciones de la abundancia, la especie con valores de frecuencia más altos fue *Beckianum beckianum* (Pfeiffer), el resto de las especies colectadas exhibió valores iguales, es decir, se presentó una vez en una de las cinco parcelas muestreadas en uno o los dos biotopos estudiados.

Haciendo una comparación entre el valor biogeográfico de ambas comunidades, la del B-BTLI-CA muestra valores de IB = 1.6, que son valores entre medios y bajos (1 < IB < 3) lo que ocurre porque existen elementos de un alto valor biogeográfico como *Glyphyalinia* sp. y *Neocyclotus irregularis*, el primero de los cuales probablemente constituye un nuevo táxon para la ciencia y el segundo es una especie endémica de Costa Rica, coexistiendo con especies de muy amplia distribución como *Beckianum beckianum* y *Bulimulus unicolor*. *Opeas* sp., no fue incluida en el análisis porque la concha colectada no estaba en condiciones idóneas para la identificación.

La comunidad del BTLI presentó un valor de IB = 2, que sugiere que existe un equilibrio entre las formas de amplia y estrecha distribución en la comunidad, pero hay que destacar que este valor de IB en una comunidad tan pequeña (S= 3) no puede ser analizado de modo global, ya que se encuentra fuertemente disminuido por la presencia de *B. beckianum*. Las otras dos especies presentes son formas con ámbitos mucho más estrechos.

La similitud entre ambas comunidades según el índice de Czekanowski es de un 36 %, lo que evidencia una disimilitud marcada, aunque esta se explica más bien por la ausencia de especies en BTLI, que por la no existencia de formas comunes entre las malacocenosis de ambos biotopos.

Como conclusión del trabajo se puede plantear que se obtuvo un aumento en la riqueza de especies del borde BTLI-CC en relación con el BTLI, aspecto que se esperaba teniendo en cuenta la bibliografía consultada. Otros ejemplos notables de efecto de borde habían sido observado previamente por el autor en bordes de Bosque Semideciduo-Vegetación Ruderal en los grupos insulares del noreste de la Isla de Cuba

(Pérez, 1990) y en otras localidades de la Isla (Pérez, Obs. Per.).

REFERENCIAS

Coney, C.C., W.A. Tarpley & R. Bohannan. 1981. A method of collecting minute land snails. *The Nautilus*, 95:43-44.

Fontenla, J.L. 1993. Composición y estructura de las comunidades de hormigas en un sistema de formaciones vegetales costeras. *Poeyana*,

Newell, P.F. 1967. Mollusca. *En*: Burges, A. y F. Raw (eds.). Soil Biology. Academic Press, London, New York. 532 p. [pp. 413-433].

Odum, E.P. 1986. *Fundamentos de Ecología*. Nueva Editorial Interamericana. México, D.F. México. 422 p.

Pérez, A.M. 1990. Moluscos. *En* ICGC (ed.) Estudios integrales de los grupos insulares del nordeste de Cuba. Editorial Instituto de Geodesia y Cartografía. La Habana. 188 p.

Santos, B. & N.G. Hairston. 1956. *Quarterly and annual field reports of the Philipinne schistosomiasis project*, Palo Leyte. (Mimeographed document).

Solem, A. & F. Climo. 1985. Structure and habitat correlations of sympatric New Zealand land snail species. *Malacologia,* 26:1-30.

Thomas, J.W., H. Black, Jr., J. Scherzinger & R.J. Pedersen. 1979a. Deer and Elk. *En* J.W. Thomas (ed.). Wildlife habitats in managed forests- the blue Mountains of Oregon and Washington. USDA For. Ser. Agric. Handb. No. 553., 512 p. [pp. 104-127].

Patrones espaciales en una población de *Olivella semistriata* (Gray, 1839) (Gastropoda: Prosobranchia: Olividae) en una playa del Pacífico de Nicaragua.

Abstract: Spatial patterns were studied in a population of *Olivella semistriata* in a sandy beach of the northern Pacific coast of Nicaragua. The methods employed, Block Quadrat Variance (BQV) and Two-Terms Local Quadrat Variance (TTLQV), show that there is a clear clumped pattern present. The possible causes are biological (e.g. gregarious habits) and ecological (differential beating of the waves).

Keywords: *Olivella semistriata*, Olividae, Spatial patterns, sandy beach, Nicaragua.

INTRODUCCION

De acuerdo a Emmel (1975) los patrones espaciales son una importante característica de las poblaciones de plantas y animales. Connell (1963), planteó que esta es una de las propiedades fundamentales de cualquier grupo de organismos vivientes.

La especie de estudio, *Olivella semistriata* (Gray, 1839) (Fig. 1), ofrece una excelente posibilidad para estudiar esta propiedad, debido a su gran abundancia y a su distribución continua a lo largo de su ámbito. Esta especie se distribuye desde el Golfo de California hasta la costa norte Perú (Keen 1971) donde habita en la zona infralitoral (Sabelli, 1979) y mesolitoral (Obs. Per.).

Además, es una especie muy atractiva debido al polimorfismo de color que exhibe, con morfos grises, que predominan en las poblaciones, pero también con morfos grises, cataños, naranjas, y en ocasiones con aparición de especímenes albinos (Fig. 1) (Pérez, 2001).

Fig. 1.- *Olivella semistriata.* Morfos gris, castaño y naranja.

En el presente trabajo estudiamos los patrones espaciales en una población de *O. semistriata* en una playa arenosa de la costa del Pacífico de Nicaragua, América Central.

MATERIAL Y METODOS

Localidad de estudio: La playa Jiquilillo se encuentra ubicada en el Departamento de Chinandega, en la zona costera del Pacífico norte de Nicaragua (12° 45' N, 87° 31' W) (Fig. 2). La toma de los datos fue llevada a cabo en la mañana del 20 de Noviembre de 1993.

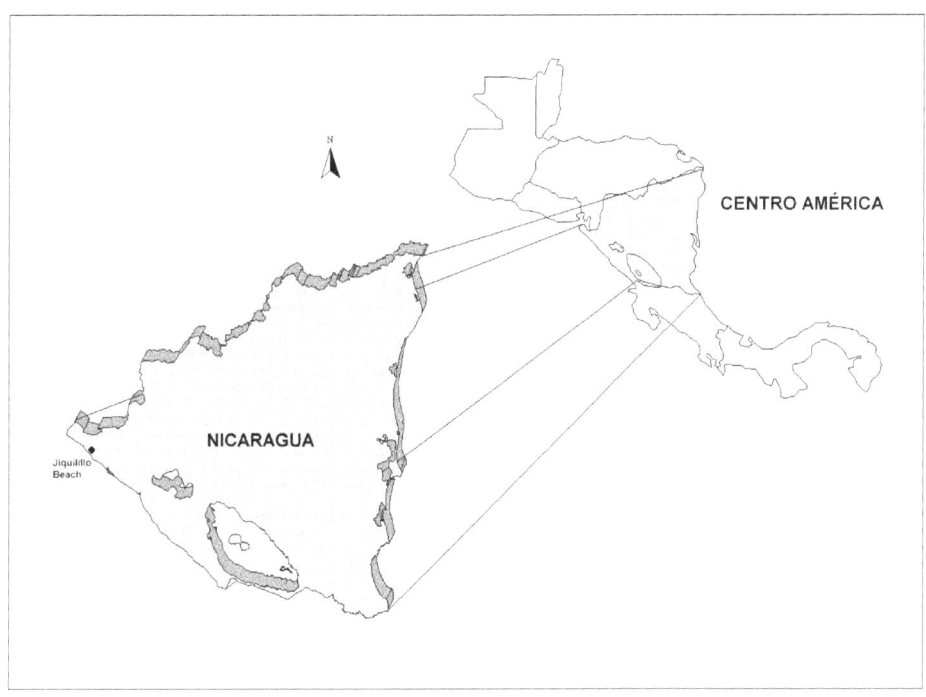

Fig. 2.- Ubicación geográfica de la localidad de estudio.

Los ecólogos reconocen tres patrones básicos de dispersión: al azar, agrupado y uniforme. Nosotros probamos la hipótesis nula que el patrón espacial existente era al azar, pudiendo ser en caso contrario agrupado o uniforme.

Metodología: Se realizaron 121 cuadrantes contiguos a lo largo de un transecto lineal paralelo al borde de la línea de marea. Todo el muestreo fue realizado durante la misma marea con el objetivo de no mover el transecto hacia delante o hacia atrás a causa del cambio de marea. El número de individuos presentes de la especie fue contado en cada cuadrante.

Análisis estadístico: Para determinar el patrón, empleamos el método de la Varianza del Bloque Cuadrado (BQV) desarrollado por Greig-Smith (1952a) y Goodall (1954a), en el cual se computa la varianza del número de individuos a diferentes tamaños de agrupamientos obtenidos mediante la combinación de N cuadrantes según alguna potaencia de 2 (e.g., $2^8 = 256$). La ecuación de trabajo para el agrupamiento 1 es:

$$\text{Var (x) 1} = (2/N)\{[1/2\,(X_1 - X_2)^2] + [1/2\,(X_3 - X_4)^2] + \quad \dots [1/2\,(X_{N-1} - X_N)^2]\}$$

Donde:

N: número de cuadrantes muestreado
X_i: conteos de individuos por cuadrantes

Considerando las limitaciones del método anterior, restringido para trabajar con alguna potencia de dos, también empleamos el método de la Varianza del Cuadrante Local de Dos-Términos desarrollado por Hill (1973a) como una alternativa para el método BQV. Este método es básicamente el mismo, pero con otro esquema de agrupamiento. La ecuación de trabajo para el método TTLQV al tamaño de agrupamiento 1 es:

$$Var\ (x)\ 1 = [1/(N-1)] \{ [1/2\ (X_1 - X_2)^2] [1/2\ (X_2 - X_3)^2] + ... [1/2\ (X_{N-1} - X_N)^2] \}$$

Las variables significan lo mismo que en BQV.

Con las varianzas obtenidas a diferentes tamaños de agrupamiento se construye un diagrama de dispersión, el cual es posteriormente comparado con los gráficos teóricos que muestran el comportamiento típico de los tres patrones básicos (Fig. 3).

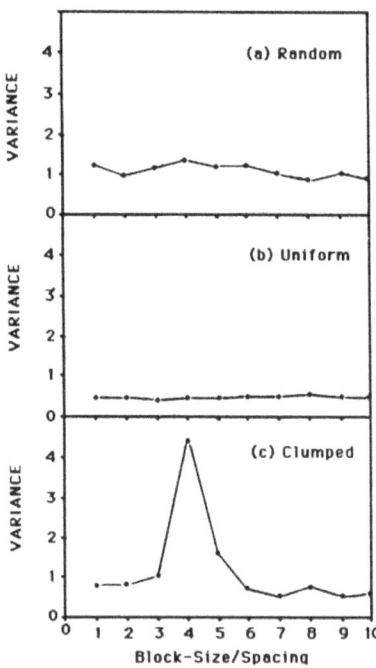

Fig. 3.- Gráficos típicos de varianzas vs tamaño de agrupamiento para los patrones espaciales a) al azar, b) uniforme, y c) agrupado (Según Ludwig & Reynolds, 1988).

RESULTADOS Y DISCUSION

Los diagramas de dispersión obtenidos mediante el método BQV (Fig. 4) muestran un comportamiento que se ajusta bien al patrón agrupado. Sin embargo, considerando el decremento de la varianza al tamaño de agrupamiento 8 y 16, y que hubieran sido necesarios mayor cantidad de puntos para analizar debido a las limitaciones intrínsecas del método, esto tal vez no se observa claramente.

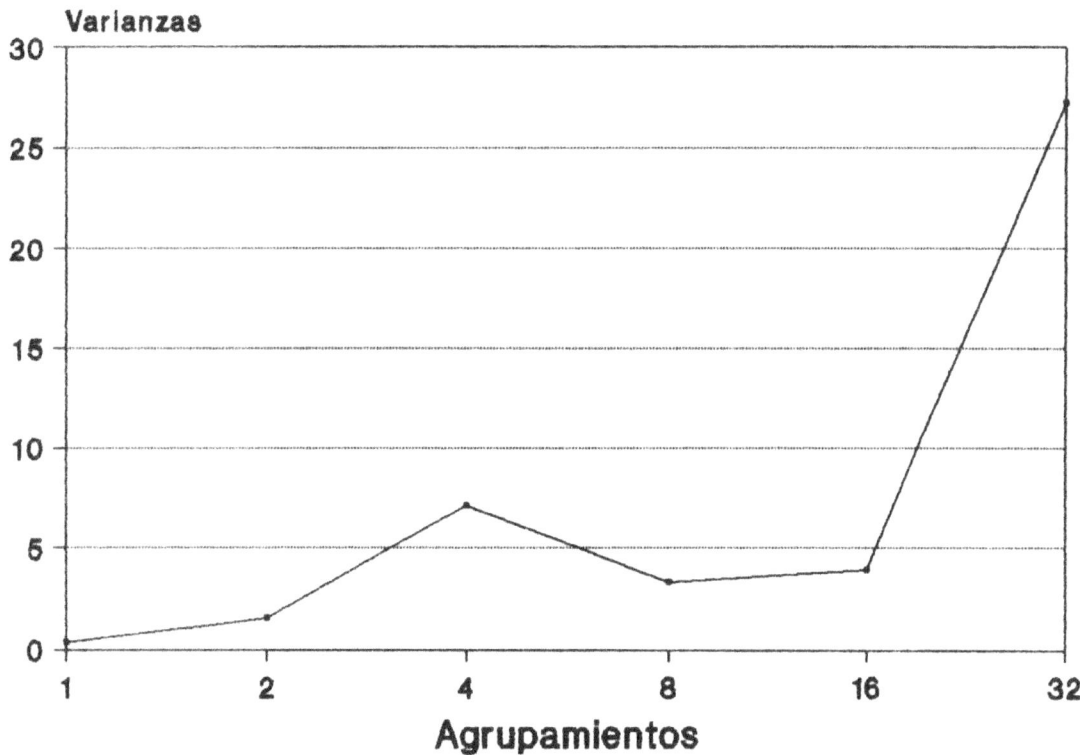

Fig. 4.- Diagrama de dispersión de la varianza vs el tamaño de agrupamiento obtenido según el método BQV.

En el diagrama de dispersión XY obtenido mediante el método TTLQV (Fig. 5) es posible realizar una interpretación mucho más clara del patrón existente. La naturaleza del método ofrece la posibilidad de tener una cantidad mucho mayor de puntos (Tamaños de agrupamiento) a considerar, según el mismo muestreo originalmente realizado. De esta manera, el diagrama de dispersión es mucho más amplio y fácil de visualizar. Por consiguiente, una patrón espacial agrupado es mucho más fácil de visualizar.

La inspección ocular de otras áreas de la playa que no fueron muestreadas, confirma nuestros cálculos y nos conduce a concluir que el patrón espacial de dispersión de la especie estudiada es ciertamente agrupado.

De la teoría conocemos que patrones al azar en poblaciones de organismos implican homogeneidad ambiental y/o un patrón conductual no selectivo. Por otro lado, patrones no al azar (agrupados y uniformes) implican que existe alguna restricción en la población. El agrupamiento sugiere que los individuos se congregan en partes más favorables del

59

hábitat; esto puede deberse a comportamiento gregario, heterogeneidad ambiental, conducta reproductiva, etc.

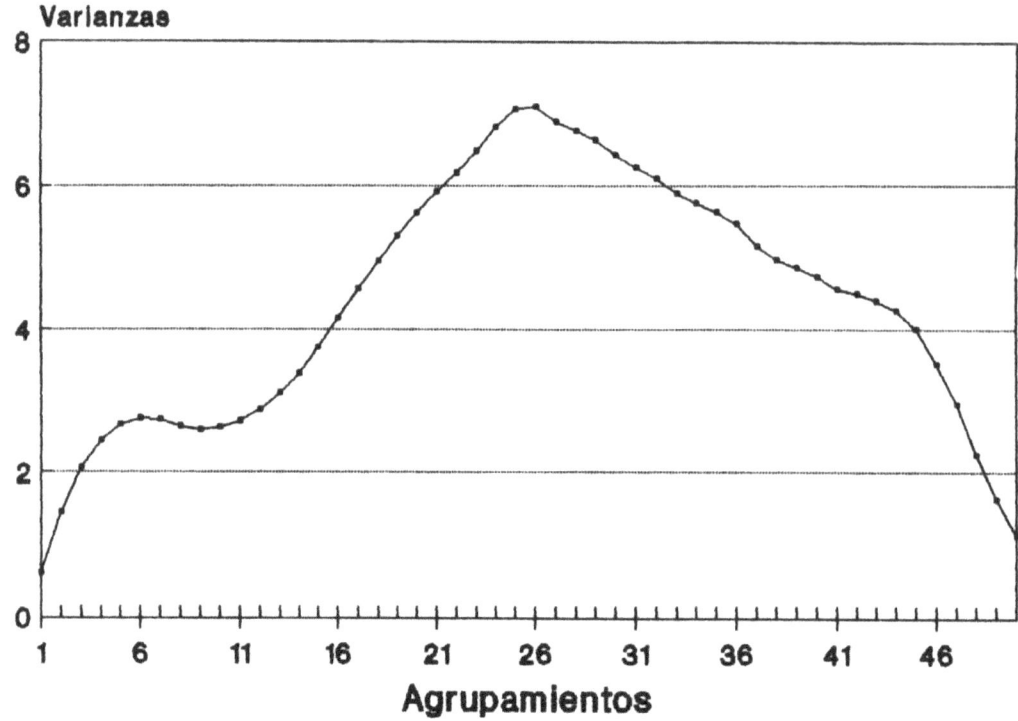

Fig. 5.- Diagrama de dispersión varianza/ tamaño de agrupamiento obtenido con el método TTLQV.

Aunque detectar un patrón espacial y explicar sus posibles causas son problemas separados (Ludwig & Reynolds, 1988) nosotros en el presente trabajo discutimos brevemente algunas de las posibles causas.

Hasta donde pudimos examinar, la naturaleza de la arena a lo largo de la playa es homogénea, lo cual elimina parcialmente la posibilidad de heterogeneidad ambiental y apunta hacia la existencia de un comportamiento gregario, forma de reproducción, ambos o alguna otra razón intrínseca.

No debe olvidarse sin embargo, que la naturaleza es multifactoral y la interacción de muchos procesos (bióticos y abióticos) puede contribuir a la existencia de patrones (Quinn & Dunham, 1983). De esta manera, otro posible factor a considerar es el ritmo de las olas, el cual podría ser ligera, pero sensiblemente diferente en diversos puntos del litoral. Este último factor, junto a los otros anteriormente mencionados, podría ser la causa del patrón observado.

Un aspecto interesante a mencionar, es que estos animales como son infra y meso litorales, se mueven en la dirección de las mareas, hacia afuera con la marea alta y hacia adentro con la marea baja. Sin embargo, parecen conservar su patrón de dispersión espacial a pesar de su constante movimiento.

Olivella semistriata es el principal renglón alimentario de de diferentes especies del género *Agaronia*, que los depredan en la marea baja (López, 1978) como *A. griseoalba* (Martens, 1897) y *A. nica* (López *et al.* 1988). La incursión de estos depredadores en las colonias de *Olivella* podría también ser un factor que estuviese afectando los patrones de dispersión.

No obstante, todavía es necesario mucho trabajo para esclarecer la ecología y la taxonomía de esta interesante especie la cual muestra además un notable polimorfismo del color.

REFERENCIAS

Connell, J.H. 1963. Territorial behavior and dispersion in some marine invertebrates. *Research in Population Ecology*, 5:87-101.

Emmel, T.C. 1975. *Ecología y biología de las poblaciones*. Editorial Interamericana, S.A. México, D.F., 182 p.

Goodall, D.W. 1954a. Minimal area: a new approach. VIIth International Botanical Congress. *Rapp. Comm. Parv. avant le Congress*, section 7, Ecologie, pp. 19-21.

Greig-Smith, P. 1952a. The use of random and contiguos quadrats in the study of the structure of plant communities. *Annals of Botany*, 16:293-316.

Hill, M.O. 1973a. The intensity of spatial pattern in plant communities. *Journal of Ecology*, 61:237-249.

Keen, A.M. 1971. *Sea Shells of Tropical West America*. Standford University Press, Standford, California. 1064 pp.

López, A. 1978. Jolly olivellas, hungry agaronias. *Hawaiian Shell News*, 26(8):16.

López, A., M. Montoya & J. Lopez 1988. A review of the genus *Agaronia* (Olividae) in the Panamanian Province and the descripion of two new species from Nicaragua. *The Veliger*, 30(3):295-304

Ludwig, J.A. & J.F. Reynolds. 1988. *Statistical Ecology. A primer on methods and computing*. John Wiley & Sons, USA. 337 p.

Pérez, A.M. 2001. Shell colour polymorphism in *Olivella semistriata* Gray, 1839 (Gastropoda: Prosobranchia: Olividae) in La Flor protected area, Rivas department, Nicaragua. *Of sea and shore*, 24(2):77-78.

Quinn, J.F. & A.E. Dunham. 1983. On hypothesis testing in ecology and evolution. *American Naturalist*, 122:602-617.

Sabelli, B. 1979. *Guide to Shells*. Simon & Schuster, Inc. (Eds.), New York. 512 p.

RESEÑA PERSONAL

El **Dr. Antonio Mijail Pérez** es especialista senior en estudios ambientales con más de 25 años de experiencia en el análisis de datos, la aplicación y la formación de las estadísticas, la ecología, biogeografía y métodos de investigación, como Investigador / Consultor y profesor de la Universidad. Él tiene una gran experiencia en la planificación y la realización de evaluaciones de la biodiversidad y sociales, así como el modelado basado en la biodiversidad para el cambio climático, entre otros.

El Dr. Pérez también tiene experiencia y conocimientos significativos en lo relacionado con, así como dirigir y coordinar diversos grupos profesionales como organizaciones gubernamentales y no gubernamentales a nivel local, de América Central principalmente (FUNDAR, Fundación Cocibolca, INBIO, IRBIO, etc.), y a nivel internacional (Banco Mundial, PNUD, PBL, ABC, CATIE, varias embajadas, etc.). Fue director científico de la Asociación Gaia (Nicaragua), un grupo líder en evaluaciones, entre 2006 y 2010. El Sr. Pérez tiene una amplia experiencia en el desarrollo de informes, artículos científicos, libros y otros materiales educativos. Ha publicado más de 60 artículos de los cuales 25 son revisados por expertos.

El Dr. Pérez tiene experiencia en el campo internacional en Cuba, Nicaragua, Costa Rica, Honduras, República Dominicana, El Salvador, Panamá y España.

Mijail es cubano-nicaragüense, y vive en Miami. Habla español nativo, es fluido en inglés y habla y lee francés básico.